上海市工程建设规范

绿道建设技术标准

Standard for construction technology of greenway

DG/TJ 08—2336—2020

J 15503—2021

主编单位:上海市绿化管理指导站

批准部门:上海市住房和城乡建设管理委员会

施行日期:2021 年 5 月 1 日

同济大学出版社

2021 上海

图书在版编目(CIP)数据

绿道建设技术标准 / 上海市绿化管理指导站主编
. —上海：同济大学出版社，2021.9
ISBN 978 - 7 - 5608 - 7175 - 2

Ⅰ. ①绿… Ⅱ. ①上… Ⅲ. ①城市道路—道路绿化—技术标准—上海 Ⅳ. ①TU985.18 - 65

中国版本图书馆 CIP 数据核字(2021)第 184608 号

绿道建设技术标准

上海市绿化管理指导站 **主编**

策划编辑 张平官
责任编辑 朱 勇
责任校对 徐春莲
封面设计 陈益平

出版发行 同济大学出版社 www.tongjipress.com.cn
(地址：上海市四平路 1239 号 邮编：200092 电话：021 - 65985622)
经 销 全国各地新华书店
印 刷 浦江求真印务有限公司
开 本 889mm×1194mm 1/32
印 张 1.75
字 数 47 000
版 次 2021 年 9 月第 1 版 2021 年 9 月第 1 次印刷
书 号 ISBN 978 - 7 - 5608 - 7175 - 2
定 价 20.00 元

上海市住房和城乡建设管理委员会文件

沪建标定〔2020〕717 号

上海市住房和城乡建设管理委员会
关于批准《绿道建设技术标准》
为上海市工程建设规范的通知

各有关单位：

由上海市绿化管理指导站主编的《绿道建设技术标准》，经我委审核，现批准为上海市工程建设规范，统一编号为 DG/TJ 08—2336—2020，自 2021 年 5 月 1 日起实施。

本规范由上海市住房和城乡建设管理委员会负责管理，上海市绿化管理指导站负责解释。

特此通知。

上海市住房和城乡建设管理委员会

二〇二〇年十二月三日

前 言

根据上海市住房和城乡建设管理委员会《关于印发〈2018 年上海市工程建设规范、建筑标准设计编制计划〉的通知》(沪建标定〔2017〕898 号)的要求,由上海市绿化管理指导站为主编单位编制本标准。标准编制组通过广泛调研,按照住房城乡建设部关于绿道的相关文件,参考国内外的有关标准,认真总结本市绿道应用实践,并在广泛征求意见的基础上,制定本标准。

本标准的主要内容包括:总则;术语;基本规定;绿道设计;绿道施工;工程验收;绿道管理。

各单位及相关人员在执行本标准过程中,如有意见和建议,请及时反馈至上海市绿化和市容管理局(地址:上海市胶州路 768 号;邮编:200040;E-mail:kjxxc@ihsr,sh.gov.cn),上海市绿化管理指导站(地址:上海市建国西路 156 号;邮编:200020;E-mail:gardentech@163.com),或上海市建筑建材业市场管理总站(地址:上海市小木桥路 683 号;邮编:200032;E-mail:shgcbz@163.com),以供修订时参考。

主 编 单 位: 上海市绿化管理指导站

参 编 单 位: 上海市园林设计研究总院有限公司
上海市城市规划设计研究院
上海市公共绿地建设事务中心
上海市绿化和市容(林业)工程管理站
上海市宝山区绿化建设和管理中心
上海市闵行区绿化园林管理所

主要起草人: 严 巍 许晓波 王本耀 刘 博 吕志华
卫丽亚 徐佩贤 唐 瓴 迟娇娇 须莉燕

吴凌峰　常炳华　陈立民　杨嘉蓉　王　瑛
陈嫣嫣　王延洋　李海红　崔　迪　李　斌
周艺烽　余　淦　黄丽雯　贺　坤

主要审查人: 李　莉　贾　虎　周　坤　周丽娜　宫明军
张守峰　秦　俊

上海市建筑建材业市场管理总站

目　次

Contents

1 总 则

1.0.1 为规范上海市绿道建设，有效提高绿道建设质量和水平，特制定本标准。

1.0.2 本标准适用于上海市绿道的设计、施工、质量验收和养护管理。

1.0.3 绿道的规划、设计、施工和养护除应符合本标准外，还应符合国家、行业和本市现行有关标准规定。

2 术 语

2.0.1 绿道 greenway

绿道是指依托绿带、林带、水道河网、林荫道等自然和人工廊道建立，具有生态保护、健康休闲和资源利用等功能的绿色线性空间，包括绿廊、绿道游径系统、标识系统、配套服务设施等组成部分。

2.0.2 绿廊 green corridor

绿道系统内绿带、绿地、林地、行道树和水体等有一定宽度的绿化生态区域，是绿道系统的主要构成和支撑。

2.0.3 绿道游径系统 greenway trail system

绿道系统内供行人步行、自行车骑行的道路系统，是绿道的基本组成要素。主要包括步行道、自行车道以及步行骑行综合道三种类型。

2.0.4 设施带 public facilities area

绿道系统内可设置公共设施的区域。

2.0.5 慢行(天)桥 pedestrian overpass

绿道系统内架空于地面、水面修建的供行人、自行车通行的构筑物。

2.0.6 慢行地道 pedestrian underpass

绿道系统内从地下穿越道路或铁路线的供行人、自行车通行的构筑物。

2.0.7 绿道连接线 greenway connection

绿道系统内承担连通功能，且对人们步行或自行车骑行有交通安全保障的绿道短途借道线路。包括借用的非干线公路、非主干路的城市道路、人行道路、人行天桥等。

2.0.8 标识系统 signage system

绿道系统内具有引导指示、解说、安全警示等功能的设施，包括指示标识、解说标识及警示标识三种类型。

2.0.9 配套服务设施 supporting service facilities

绿道系统内配套设置的，保障绿道系统正常运行的设施的总称，包括环卫设施、照明设施、安全监控设施等。

2.0.10 驿站 courier station

绿道系统内供使用者途中临时休憩、交通换乘等为主要功能的场所，是绿道服务设施的综合载体。

3 基本规定

3.0.1 绿道分为市级、区级、社区级三个级别，外环内的中心城绿道为独立系统，各级绿道应有效衔接，实现网络化布局。

3.0.2 绿道根据所在区域不同，分为城镇型绿道和郊野型绿道两种类型。

3.0.3 绿道建设应充分利用现有资源，依托生态廊道、河流水系、林荫道、公园绿地等本底资源，保护物种迁徙通道，减少对原有动植物资源和景观的破坏。

3.0.4 绿道选线应遵循城市总体规划和绿道专项规划的要求，串联全市重要生态空间节点，连接主要城镇、公共开放空间等节点，联系城乡居民点和生态景观资源。

3.0.5 绿道应仅供行人与自行车通行，且与机动车道分离。绿道内应因地制宜设置安保、照明等配套服务设施，并对设施进行定期检查、维修、更换，保证绿道运行安全。

3.0.6 绿道应使用绿色、节能、低碳、环保的新材料、新技术、新设施，降低建设和后期维护成本。

4 绿道设计

4.1 控制指标

4.1.1 安全性指标应符合下列规定：

1 机动车禁止进入绿道。绿道游径系统与机动车道应设置有效的隔离设施或标识，包括绿化隔离带、隔离墩、护栏或交通标线等。

2 靠近水体区域的绿道游径系统应设置防护围栏、救生圈与警示标识。

3 无防护设施的人工驳岸，近岸 2.0 m 范围内的水深应小于 0.7 m；无防护设施的驳岸顶端与常水位垂直距离应小于 0.5 m。

4 借用城市道路的绿道游径系统，应设置机动车限速标志。

5 应在弯道、桥梁(地下通道)、陡坡、交叉路口等危险地段设置警示标志。

6 绿道应合理设置视频监控、报警装置等安保设施。

4.1.2 服务性指标应符合下列规定：

1 单条绿道游径系统的总长度不应低于 0.5 km。

2 绿道驿站应与沿线景点紧密结合，中心城区相邻驿站的间距应不大于 8 km，驿站可包括配套服务、游憩健身、展示、安保、环卫等设施。

3 绿道应根据长度和类型合理设置自行车租赁点、休闲坐凳、公厕、废物箱、照明、安保等配套服务设施。

4.1.3 管理性指标应符合下列规定：

1 借用市政人行道作为绿道连接线，其单段长度不应超过1 km，累计长度不应超过绿道总长度的10%。

2 绿化植物栽植土壤的有效土层应不小于30 cm，其中乔木类有效土层应不小于150 cm，灌木类有效土层应不小于60 cm，草坪地被有效土层应不小于30 cm；树木栽植成活率不应低于95%，名贵树种栽植成活率应达到100%。

3 市级、区级绿道养护标准应根据绿道体量、年均服务量、周边绿地等级等情况综合设置养护标准。社区级绿道养护标准应不低于一级绿地的养护标准。

4.2 绿　廊

4.2.1 绿廊应以现有绿化资源为基础，有效利用场地内现有的自然和人工植被。

4.2.2 绿廊设计应因地制宜，突出区域特色，营造自然优美的植物景观。

4.2.3 绿道游径系统两侧的绿廊，宜采用自然花境、林下自然花丛等布置方式。

4.2.4 中心城区(外环以内)的绿廊总宽度不宜小于5 m，对于绿化设施欠缺的地段可适当降低标准，但不应小于2 m；郊区(外环以外)的绿廊总宽度不宜小于8 m。

4.2.5 绿廊植物设计应包括下列内容：

1 植物配置应以自然式为主，以乔木为主体进行配置，构建合理而富有特色的植物景观群落。

2 植物选择应考虑植物多样性，以抗性较强的乡土植物为主，适地适树。还应注意季相变化，常绿、落叶树种以及速生、慢生树种合理搭配，宜选用开花色叶植物。

3 植物选择应考虑使用者的安全性，绿道游径系统边缘不宜选用枝叶有硬刺的植物，严禁选用危害使用者人身安全的有害、有毒植物，应控制果毛、飞絮较多的植物用量。

4.2.6 绿廊植物种植应符合下列要求：

1 植物种植前应对土壤理化性质指标进行合理分析，种植土壤应符合现行上海市工程建设规范《园林绿化栽植土质量标准》DG/TJ 08—231 的要求；不符合要求时，应采取土壤改良措施。

2 种植技术应符合现行上海市工程建设规范《园林绿化植物栽植技术规程》DG/TJ 08—18 的要求。

3 绿廊建设应对植物种植密度过高的区域进行树木抽稀与修剪。保留生长健康的苗木，淘汰健康程度较低的苗木；古树名木及后续资源严禁迁移。

4 植物种植应保证绿道与相邻环境有视线沟通，排除安全隐患。紧邻绿道游径系统两侧的植物种植应兼顾安全通行和适度遮荫，乔木枝下高应大于 2.5 m。

4.3 绿道游径系统

4.3.1 绿道游径系统应根据现状与实际使用情况，灵活设置步行道、自行车道和步行骑行综合道。城镇型绿道宜为步行道，郊野型绿道有条件的可设置步行骑行综合道。

4.3.2 绿道游径应与机动车道分开设置。

4.3.3 绿道游径系统应充分利用现有道路资源，应与现状地形、水体、建筑物等相结合，形成完整合理的游览线路。

4.3.4 绿道游径系统宜保持连贯性，与道路相交时，可采取平面交叉或立体交叉形式；与河流相交时，宜借用现有桥梁或新建慢行桥连通两岸，条件受限也可采用水上交通的方式进行衔接。

4.3.5 绿道游径系统出入口宜选择邻近公交站点、轨道交通站点、码头等交通换乘节点，不同交通换乘节点和慢行(天)桥、慢行地道的出入口处均应留出必要的安全集散空间，配套设置减速设施或警示标识等。

4.3.6 自行车道、步行骑行综合道的设计年限、平曲线设计和竖曲线设计应符合现行行业标准《城市道路工程设计规范》CJJ 37、《城市桥梁设计规范》CJJ 11的规定。

4.3.7 横断面设计应符合下列要求：

1 绿道游径设计宜采用单幅路的断面形式。

2 绿道游径横断面包括设施带、步行道、自行车道等。设施带与绿廊宜结合设置。

3 绿道游径宽度应满足使用者安全通行的要求，新建绿道游径宽度以不大于3.5 m为宜。具体应符合表4.3.7的规定。

表4.3.7 绿道游径宽度建设一览表

<table>
<tr><th colspan="2">绿道分级分类</th><th>步行道</th><th>自行车道</th><th>步行骑行综合道</th></tr>
<tr><td rowspan="2">市级</td><td>城镇型</td><td>以1.5 m为宜</td><td>以2.0 m为宜</td><td>以2.5 m为宜</td></tr>
<tr><td>郊野型</td><td>以2.0 m为宜</td><td>以2.5 m为宜</td><td>以3.0 m为宜</td></tr>
<tr><td rowspan="2">区级</td><td>城镇型</td><td>以1.5 m为宜</td><td colspan="2">不宜设置</td></tr>
<tr><td>郊野型</td><td>以2.0 m为宜</td><td>以2.5 m为宜</td><td>以2.5 m为宜</td></tr>
<tr><td rowspan="2">社区级</td><td>城镇型</td><td rowspan="2">以1.5 m为宜</td><td rowspan="2" colspan="2">—</td></tr>
<tr><td>郊野型</td></tr>
</table>

注：对于中心城区内用地紧张、绿化空间有限的区域可酌情降低标准，但绿道游径宽度不应小于1.2 m。

4 绿道游径设计宜采用单向横坡，坡度以1.0%～2.0%为宜，透水铺装路面的横坡宜为1.0%～1.5%。

5 绿道游径需设置立缘石时，外露高度宜为10 cm～15 cm，设有无障碍设施的路口应设置平缘石。

4.3.8 纵断面设计应符合下列要求：

1 绿道游径纵坡最大不宜超过5%，最小不应小于0.3%；当条件受限纵坡小于0.3%时，应设置锯齿形边沟或其他排水设施。改造路面或铺设透水铺装的绿道游径可酌情降低标准。

2 自行车道、步行骑行综合道纵坡不小于2.5%时，其纵坡最大坡长应符合表 4.3.8 的规定。

表 4.3.8 自行车道、步行骑行综合道坡长建设要求一览表

纵坡(i)	$i \geq 3.5\%$	$3\% \leq i \leq 3.5\%$	$2.5\% \leq i \leq 3\%$
最大坡长(m)	150	200	300

4.3.9 线形组合设计应符合下列要求：

1 绿道游径线形组合遵循安全、舒适原则，平面、纵断面线形应均衡、连续，并应与相邻路段进行衔接，路面排水应顺畅。

2 建设条件受限时，绿道游径的纵断面与平面各接近或最大、最小值及其组合时，应考虑前后地形、技术指标运用等对实际行进速度的影响。

3 自行车道和步行骑行综合道应按时速 15 km/h～20 km/h 进行线形设计。

4 绿道游径应避免平面、纵断面、横断面极限值的组合设计。

4.3.10 铺装设计应符合下列要求：

1 绿道铺装在满足荷载、防滑、耐久等要求的基础上，宜优先采用生态、环保、经济的本地材料，并与周边环境相协调。

2 新建绿道应采用透水铺装。现状路面条件符合要求的区域，不宜重新铺装；绿道游径与其他道路共建时，应兼顾全部功能要求进行铺装材料的选择。

3 透水铺装结构设计应符合现行行业标准《透水沥青路面技术规程》CJJ/T 190、《透水水泥混凝土路面技术规程》CJJ/T 135 和《透水砖路面技术规程》CJJ/T 188 的规定。

4 透水基层或碎石垫层宜每隔 2 m 设置 R30PVC 万孔管，万孔管应与大容量排水沟直接相连，保证垫层不积水。

5 应强化道路结构稳定性和过滤作用，宜在碎石层与土路基之间增加反滤土工布。

6 当透水铺装设置在钢筋混凝土结构的地下室顶板上时，顶板覆土厚度不应小于 600 mm，并应设置防渗和排水设施。

7 路基应根据使用功能确定填充材料、压实系数、强度要求、边坡要求等，并应考虑路基排水、路基防护等设施的设置。特殊路基应作特殊处理。

4.3.11 安全隔离设施设计应符合下列要求：

1 绿道游径与机动车道之间应设置安全隔离设施，包括隔离绿带、隔离墩和护栏等。

2 当隔离宽度不小于 1 m 时，宜设置绿化隔离带；当隔离宽度小于 1 m 时，可设置隔离墩或护栏。

3 绿道游径入口处应设置阻车桩，阻车桩宽度以阻止机动车、助动车、电动自行车等进入为限。

4 步行骑行综合道的步行道和自行车车道之间宜设置隔离设施；若无隔离设施，应用标线或铺装颜色加以区分。

4.3.12 慢行(天)桥、慢行地道设计应符合下列要求：

1 慢行(天)桥、慢行地道设计应符合城镇景观的要求，应与周边建筑物密切结合。

2 慢行天桥、慢行地道净空应考虑通车、通船及排洪需求，应采取安全防护措施，具体应符合现行行业标准《城市桥梁设计规范》CJJ 11 的规定。

3 有安全隐患的慢行(天)桥，应设置安全防护栏杆，栏杆高度必须不小于 1.05 m。

4 慢行(天)桥、慢行地道的活荷载标准值的取值，桥面均布荷载应按 4.5 kN/m^2 取值；计算单块人行桥板时应按 5.0 kN/m^2 的均布荷载或 1.5 kN 的竖向集中力分别验算并取其不利者。

4.3.13 无障碍设计应符合下列要求：

1 绿道游径应符合无障碍通行的要求，具体应按现行国家标准《无障碍设计规范》GB 50763 执行。

2 慢行(天)桥、慢行地道应设置无障碍坡道、行进盲道和提示盲道。

3 绿道游径通行区域内的安全岛应与车行道同高或设置缘

石坡道，宜在路口处设置提供通行方向信息的音响设施。

4 绿道游径通行区域内人行横道两端必须设置缘石坡道，且人行横道宽度应满足无障碍通行的要求。

4.4 标识系统

4.4.1 本市范围内的绿道应采用统一的标识系统。

4.4.2 各类标识牌应清晰、简洁，不同类型的标识可合并设置，但不宜超过 4 种。同一点位设置标识牌数量不宜超过 3 块。

4.4.3 需借用或指示绿道周边区域现有设施的，应设置指示标识。

4.4.4 滨水、危险路段、市政道路交叉口等存在安全风险的区域，应设置安全警示标识。

4.4.5 绿道编号应符合下列要求：

1 市级绿道由市绿化主管部门统一编号。各区所建绿道为市级绿道一部分的，绿道编号应采用全市统一规定的数字编号，按照本标准附录 A 执行。

2 区级、社区级绿道编号，应由各区绿化管理部门根据区绿道专项规划自行制定，编号形式应和市级绿道相统一，每条绿道应具有唯一编号。

3 市级、区级和社区级绿道的编号应采用统一编号规则，东西走向的绿道应按双数进行编号，南北走向的绿道应按单数进行编号。

4.4.6 标识系统设置应符合下列要求：

1 标识牌宜设置在游客行进方向道路右侧或设施带内。

2 同类标识牌间距应不大于 500 m，不应跨街坊设置；路面标识、标线间距应不大于 100 m。

3 绿道重要节点 1 km 范围内，500 m 为间距，以标识牌、地面标识、标线为主要形式，提前设置。

4 使用交通标线的绿道游径系统所在路段的两端应提前

80 m～150 m 设置机动车限速标志，车速不得超过 20 km/h。

5 绿道出入口、驿站、交通站点、停车场、公厕等地点，应提前 50 m 设置指示性标识牌。

6 市政道路交叉口、弯道、陡坡等危险路段两端及沿线出入口等地点，应提前 150 m 设置警示性标识牌。滨水区域应在醒目处设置警示性标识牌。

4.5 配套服务设施

4.5.1 配套服务设施的设置应优先利用周边区域现有设施。

4.5.2 配套服务设施宜布置在绿道游径系统的设施带内，设施带宽度应根据布局设施的种类和数量确定。

4.5.3 配套服务设施的设置应与绿道整体景观和周边生态环境相协调。

4.5.4 驿站设计应符合下列要求：

1 驿站风格应美观、舒适、经济、实用。驿站应与周边环境相协调，体现绿道特色。

2 驿站按规模分为一级驿站、二级驿站和三级驿站。

3 驿站的基本功能设施设置和布局要求应符合表 4.5.4-1 和表 4.5.4-2 的规定。

表 4.5.4-1 驿站基本功能设施设置一览表

设施类型	基本项目	城镇型绿道			郊野型绿道		
		一级驿站	二级驿站	三级驿站	一级驿站	二级驿站	三级驿站
管理服务设施	管理中心	○	—	—	●	○	—
	游客服务中心	●	○	—	●	○	—
配套商业设施	售卖点	○	○	—	○	○	○
	餐饮点	—	—	—	○	○	—
	自行车租赁点	○	○	○	○	○	○

续表 4.5.4-1

设施类型	基本项目	城镇型绿道			郊野型绿道		
		一级驿站	二级驿站	三级驿站	一级驿站	二级驿站	三级驿站
游憩健身设施	活动场地	●	●	●	●	●	●
	休憩点	●	●	●	●	●	●
	眺望观景点	○	○	○	○	○	○
科普教育设施	解说	○	○	○	○	○	○
	展示	●	○	○	●	○	○
安全保障设施	治安消防点	●	○	—	●	○	—
	医疗急救点	○	—	—	●	○	—
	安全防护设施	●	●	●	●	●	●
	无障碍设施	●	●	●	●	●	●
环境卫生设施	公厕	●	●	—	●	●	—
	废物箱	●	●	—	●	●	—
停车设施	公共停车场	●	○	○	●	○	○
	公交站点	○	○	○	○	○	—

注:“●”为必须设置;“○”可以设置或结合现有功能建筑使用;“—”为不作要求。

表 4.5.4-2 驿站布局一览表

驿站类型	城镇型绿道			郊野型绿道		
	一级驿站	二级驿站	三级驿站	一级驿站	二级驿站	三级驿站
设置地点	结合大型公园绿地、文化体育设施等	结合公园绿地、广场	根据功能需要灵活设置	结合景区或旅游区服务中心、大型村庄等	结合村庄、观光农业园等	根据功能需要灵活设置
间距(km)	5～8	3～5	1～2	15～20	5～10	3～5

4 新建驿站应注意控制尺度和体量,建筑层数以 1 层～2 层为宜,沿口高度不超过 8 m,建筑规模应符合现行国家标准《城市绿地设计规范》GB 50420 的要求,建筑面积应符合表 4.5.4-3 的规定。

表 4.5.4-3 驿站建筑规模

类型	城镇型绿道		郊野型绿道	
	一级驿站	二级驿站	一级驿站	二级驿站
总建筑面积(m^2)	50～100	30～50	100～200	100～150
公厕面积(m^2)	25～50	15～25	50～100	50～75

5 驿站的建筑材料宜选用环保、耐用材料，建设可移动、非永久性的服务设施。驿站区域的绿道游径系统、广场和休息平台等的铺装应采用透水铺装。

4.5.5 公厕设计应符合下列要求：

1 绿道公厕应利用现有公厕或结合驿站设置，数量不足时应新建或设置流动公厕。

2 公厕设置密度应根据绿道人流量和绿道类型确定，在重要节点附近应适当增大布设密度。城镇型绿道公厕的设置间隔宜为 2 km～3 km，郊区绿道公厕的间隔宜为 4 km。

3 公厕男女厕位比例在人流集中的场所，比例应小于 1∶2；其他场所，比例应小于 1∶1.5，且应设置无障碍厕位，具备条件的应设置母婴卫生间，设计应符合现行国家标准《无障碍设计规范》GB 50763 的相关规定。

4.5.6 照明系统设计应符合下列要求：

1 绿道出入口、驿站、危险路段、滨水区域必须设置照明设施，其他区域按需设置。

2 夜间开放使用的绿道应设置照明设施，设置间隔宜为 40 m～60 m。照明设施应进行统一编号。

3 照明设施宜采用太阳能灯具，其他灯具光源应选择节能型灯具。照明设施应与绿道功能、景观相协调。

4 绿道供电系统应根据电源条件、用电负荷和供电方式等情况进行规划设计，绿道供电线路宜埋地敷设。

4.5.7 其他服务设施设计应符合下列要求：

1 绿道自行车服务设施应结合交通衔接地点、驿站等重要节点按需设置，提供自行车租赁、停车等服务。

2 绿道游憩设施可结合驿站和沿线景点统筹设置，包括文体活动场地、休息亭、长椅、坐凳等设施。

3 废物箱等环卫设施，必须符合上海市生活垃圾相关管理。绿道废物箱应根据游人流量和分布密度进行设置，废物箱必须为分类废物箱。

4 服务实施应充分利用信息化和智能化技术。结合驿站设置治安消防点、医疗急救点等安全保障设施。绿道应根据实际设置监控系统及应急呼叫系统，每隔 1 km 应设立 1 处安全报警装置。

5 绿道施工

5.1 一般规定

5.1.1 绿道项目施工前应建立完善的施工技术、质量和安全管理体系，明确工程质量和安全管理责任人。

5.1.2 道路、水电、机电、绿化、建筑等分项施工的技术和质量都应符合国家、行业和地方现行标准的规定。

5.1.3 绿道施工应减少对周边市民生活和生态环境的影响。

5.1.4 绿道施工安全管理应符合现行上海市工程建设规范《建设工程监理施工安全监督规程》DG/TJ 08—2035 的规定。

5.2 施工质量控制

5.2.1 土方工程施工应符合下列要求：

1 种植土壤应符合现行上海市工程建设规范《园林绿化栽植土质量标准》DG/TJ 08—231 的规定。绿化种植前应对土壤理化性质进行检测，不符合种植土壤标准的应进行土壤改良。

2 地形塑造的范围、厚度、标高、造型及坡度均应符合现行国家标准《城市绿地设计规范》GB 50420 的规定，造型自然，起坡、弧线整洁顺畅。

5.2.2 隐蔽工程施工应符合下列要求：

1 给排水管道安装宜先安装主管，后安装支管，管道位置和标高应符合设计要求；安装完毕后应通水测试，防止渗漏。给排水工程施工质量控制应符合现行国家标准《给水排水管道工程施工及验收规范》GB 50268 和《建筑给排水及采暖工程施工质量验收规范》GB 50242 的规定。

2 供电照明施工位置应符合设计要求，电缆沟埋设深度应符合现行国家标准《建设工程施工现场供用电安全规范》GB 50194 的规定。安装完毕后应测试确认无漏电情况。电气照明系统施工质量控制应符合现行国家标准《电气装置安装工程电缆线路施工及验收标准》GB 50168 和《建筑电气工程施工质量验收规范》GB 50303 的规定。

3 施工单位应做好隐蔽工程的质量检查和记录。隐蔽工程在隐蔽前，施工单位应通知建设单位和建设工程质量监督机构做好认证工作。

5.2.3 绿道游径系统施工应符合下列要求：

1 道路放样应顺畅自然，施工应符合现行行业标准《园林绿化工程施工及验收规范》CJJ/T 82 中对园路的要求。

2 道路透水铺装施工应符合现行行业标准《透水水泥混凝土路面技术规程》CJJ/T 135、《透水砖路面技术规程》CJJ/T 188、《透水沥青路面技术规程》CJJ/T 190 的规定。

3 利用原有道路进行路面翻新，应保护好原有垫层，视实际情况进行修补和清理。

4 原有道路全部翻新，应做好原有路面和垫层的利用或外运。

5 慢行(天)桥和栈桥施工应符合现行行业标准《城市桥梁工程施工与质量验收规范》CJJ 2 的规定；栈桥形式为木结构时，应符合现行国家标准《木结构工程施工质量验收规范》GB 50206 的规定。

5.2.4 标识标牌施工应符合下列要求：

1 标识标牌的文字内容、指示方向应准确无误。“上海绿道”LOGO 必须按规定进行设置。

2 标识标牌的基础、主体结构、材质、安装等部分工程的施工应符合现行行业标准《园林绿化工程施工及验收规范》CJJ/T 82 的规定。

3 地面标识施工时应保持施工区域清洁、干燥，地面不得有松散颗粒、灰尘、油污或其他有害物质。

5.2.5 植物栽植施工应符合下列要求：

1 苗木种植穴、种植槽开挖前，需进行管线交底，了解现场地下管线和隐蔽物埋设情况。

2 苗木与地下管线外缘及苗木与其他设施的最小水平距离、栽植穴定点与规格、槽定点防线等应符合设计图纸的要求。栽植穴定点应标明中心点位置，栽植槽应标明边线。

3 行道树或行列种植苗木应在一条线上，相邻植株规格应合理搭配，苗木应保持直立不倾斜，应合理调整观赏面的朝向。

4 若种植土层下有废弃基底等不透水层，应进行疏松、打孔或设置排水措施。

5 施工期应采取保湿、补充养分等养护措施。

6 苗木种植应符合现行上海市工程建设规范《园林绿化植物栽植技术规程》DG/TJ 08—18 和现行行业标准《园林绿化工程施工及验收规范》CJJ/T 82 的规定。

7 植物与架空电力线路导线之间最小垂直距离应按照现行国家标准《城市电力规划规范》GB/T 50293 执行，应保证架空电力线路与种植苗木及绿道内设施在安全距离范围以内。

5.2.6 配套服务设施施工应符合下列要求：

1 驿站、公厕的地基基础、主体结构、屋面、装饰装修、安装等分部工程的施工应符合现行国家标准《屋面工程质量验收规范》GB 50207 的规定。

2 电气照明系统施工质量控制应符合现行国家标准《电气装置安装工程电缆线路施工及验收规范》GB 50168 和《建筑电气工程施工质量验收规范》GB 50303 的规定。

3 给排水工程施工质量控制应符合现行国家标准《给水排水管道工程施工及验收规范》GB 50268 和《建筑给排水及采暖工程施工质量验收规范》GB 50242 的规定。

6 工程验收

6.1 一般规定

6.1.1 绿道建设的质量验收应按检验批、分项工程、分部（子分部）工程、单位（子单位）工程的顺序进行。绿道建设工程的分项、分部、单位（子单位）工程的划分应符合表 6.1.1 的规定。

表 6.1.1 绿道建设工程划分

单位工程	子单位工程	分部工程	分项工程
绿道建设工程	绿廊	种植土工程	场地清理、种植土回填、地形营造、土壤改良
		栽植工程	植物材料、栽植穴、苗木运输和假植、苗木修剪、苗木种植
	绿道游径系统	跑道铺装	基层、面层
		侧平石安装	垫层、侧石安装、平石安装
	标识系统	路面标识	—
		立柱标识	基础、立柱、标牌
	配套服务设施	驿站	基础、主体
		电气安装	电缆铺设
		设施安装	—

6.1.2 绿道建设施工质量验收应符合下列规定：

1 参加工程施工质量验收的各方人员应具备规定的资格。

2 绿道建设的施工应符合施工设计文件的要求。

3 绿道建设施工质量应符合本标准及国家现行相关专业验收标准的规定。

4　工程质量的验收均应在施工单位自行检查评定的基础上进行。

5　隐蔽工程在隐蔽前应有施工单位通知有关单位进行验收,并应形成验收文件。

6　分项工程的质量应按主控项目和一般项目验收。

7　关系植物成活的水、土、基质,涉及绿道游径系统的强度和安全等有关材料,应按规定进行见证取样检测。

8　承担见证取样检测的单位应具有相应资质。

6.1.3　绿道建设物资的主要原材料、成品、半成品、配件、器具和设备必须具有质量合格证明文件、规格型号及性能检测报告,应符合国家现行技术标准及设计要求。植物材料、工程物资进场时应做检查验收,并经监理工程师核查确认,形成相应的检查记录。

6.1.4　工程竣工验收后,建设单位应将有关文件和技术资料归档。

6.2　质量验收

6.2.1　本标准的分项、分部、单位工程质量等级均应为"合格"。

6.2.2　检验批质量验收应符合下列规定:

1　主控项目和一般项目的质量经抽样检验应合格。

2　应具有完整的施工操作依据、质量检查记录。

6.2.3　分项工程质量验收应符合下列规定:

1　分项工程质量验收的项目和要求,应符合本标准关于分部分项工程划分的规定。

2　分项工程所含的检验批,均应符合合格质量的规定。

3　栽植土质量、植物有害生物检疫,有涉及绿道游径系统的强度和安全等有关材料检测结果应符合有关规定。

4　观感质量验收应符合要求。

6.2.4 单位(子单位)工程质量验收应符合下列规定:

1 单位(子单位)工程所含分部(子分部)工程的质量均应验收合格。

2 质量控制资料应完整。

3 观感质量验收应符合要求。

6.2.5 单位(子单位)工程质量验收应符合下列规定:

1 单位(子单位)工程所含分部(子分部)工程的质量均应验收合格。

2 质量控制资料应完整。

3 单位(子单位)工程所含分部工程有关安全和功能的检测资料应完整。

4 观感质量验收应符合要求。

5 乔灌木成活率及草坪覆盖率应不低于95%。

6.2.6 当园林绿化工程质量不符合要求时,应按下列规定进行处理:

1 经返工或整改处理的检验批应重新进行验收。

2 经有资质的检验单位检测鉴定能够达到设计要求的检验批,应予以验收。

3 经有资质的检测单位检测鉴定达不到设计要求,但经原设计单位和建设单位认可能够满足植物生长要求、安全和使用功能的检验批,可予以验收。

4 经返工或整改处理的分项、分部工程,经降低质量和改变外观尺寸已能满足安全使用、基本的观赏要求并能保证植物成活,可按技术处理方案和协商文件进行验收。

6.2.7 通过返修或整改处理仍不能保证植物成活、基本的观赏和安全要求的分部工程、单位(子单位)工程,严禁验收。

7 绿道管理

7.1 一般规定

7.1.1 绿道应实施属地化管理,应明确每段绿道的管理单位,明确绿道管理维护责任。绿道在建设期间由施工单位负责养护。

7.1.2 绿道管理单位应按现行上海市工程建设规范《园林绿化养护技术规程》DG/TJ 08—19 的规定进行绿化养护。绿道游径系统及配套服务设施维护按照本市相关规范执行。禁止破坏绿道内的地形地貌、水体、土壤、植物群落等要素。

7.1.3 绿道内应设置相关安全保障设施,包括安全监控设施、安全警示牌、防止机动车进入标志等。安全监控设施应符合现行国家标准《城市消防远程监控系统技术规范》GB 50440 和现行行业标准《道路交通技术监控设备运行维护规范》GA/T 1043 的规定。

7.1.4 绿道内应保持干净整洁,无垃圾杂物,无砾石砖块,无干枯枝叶,无粪便污物。配套设施应整体清洁美观,无污物残留,无破损,可正常使用。

7.1.5 绿道范围内禁止改建、扩建构筑物和临时建筑物,必要调整改造必须经绿化管理部门批准。绿道维护时应设置告示牌,保证安全作业。

7.1.6 绿道保洁频率应不少于 1 次/d,绿道内垃圾必须分类处理,及时清运。

7.1.7 绿道内的公厕、驿站等设施应定期维护,保持完好、整洁、功能运行正常。

7.2 绿化养护管理

7.2.1 养护单位巡视频率应不少于每天 1 次，台风、暴雨季节应加强巡视力度，每天巡视不少于 2 次。巡视过程中发现的一般问题应及时处理，应急问题应及时上报并解决。

7.2.2 绿道养护单位应根据现行上海市工程建设规范《园林绿化养护技术规程》DG/TJ 08—19 的相关规定进行绿化养护工作，主要包括浇水、排水、有害生物防治、修剪、中耕施肥、除草等。发现死亡或缺失植物，应及时进行更新、补种。

7.2.3 台风前，应加强防御措施，加固支撑设施，重要道路沿线的植物应合理修剪，以增强抵御台风的能力。台风吹袭期间，应迅速清理倒树断枝，疏通道路。台风后，应及时进行扶正、清除断枝和保洁。

7.3 绿道游径系统及附属设施管护

7.3.1 绿道游径系统设施管护应包括下列内容：

1 绿道游径系统应定期检查和维护，保证绿道内步道、自行车道正常使用，各类设施标识清楚、整洁，无安全隐患。

2 路面及广场铺装面、侧石、台阶、斜坡等应保持平整，无积水、无积雪、无坑洼，保持铺装面清洁、防滑，无障碍设施完好。及时清理路面垃圾杂物，保持整洁、美观。

3 道路和广场铺装应整洁完好，破损的路基、路面应及时修补。发现变形、下沉及面层松动等可能危及游人安全的情况，应局部围闭，设置警示标识，及时修复。

4 绿道内木栈道、木质铺装等应每半年维护 1 次，对损坏、变形、龟裂、松动等情况应及时修复，确保栈道平整、无破损。

7.3.2 附属设施管护应包括下列内容：

1 驿站、构筑物、标识系统、照明设施等绿道附属设施应定期检查，确保完好无损。如发生设施损坏、地基下沉、墙体变形或其他危及游人安全的状况，应局部围闭，设置警示标识，及时修复。

2 绿道标示设施的外观应保持整洁，设施完好无损，构件完整，指示清晰、明显、无错误。应定期更新信息，如发现污损、变形、开裂、指示错误等，应在 3 d 内修复完成。

3 绿道照明设施所有带电部分应采用绝缘、遮拦或外护物保护，应每周进行安全检查。设施维护人员应持有上岗证作业，灯杆、灯泡、灯架等应定期检查，发现破损应及时更换。

4 绿道照明设施应完好、整洁、运行正常。已安装的照明设施，亮灯率应达到 95％以上，并妥善保管有关技术资料和档案。绿道改造、维修需要关闭路灯时，应提前发布告示，并采取必要的临时照明措施。

5 绿道沿线坐凳及废物箱应定期进行翻新、油漆，发现破损应及时维修或更换，设施维修或油漆未干时，应设置明显的告示牌。

6 废物箱外观应保持整洁、完整，无污垢、陈渍；箱内无沉积垃圾，无异味，无蚊蝇滋生。

7.3.3 公厕及健身器材管护应包括下列内容：

1 绿道项目建设的公厕、健身器材等统一归口管理，绿道管理部门应统一负责养护管理。

2 公厕应保持采光、通风和照明良好，无明显臭味，地面无积水，内墙面、天花板、门窗和隔离板应无蜘蛛网、积灰、积水。健身器材应完好，无损坏，可正常使用。

3 公厕或者健身设施损坏后必须及时维修。维修未完成期间，应在明显位置设置告示牌，保证安全作业。

7.4 绿道安全管理

7.4.1 绿道管理单位应建立应急联动机制，绿道范围内出现安全或其他意外情况时，绿道管理单位应及时启动应急预案。

7.4.2 绿道应按需配备日常巡查及安保人员，定岗、定员负责绿道日常管理过程中的巡查、治安管理、抢险救灾，维护绿道的公共秩序和安全使用。发现破坏绿化、损坏服务设施，或者其他危害绿道使用及安全的行为应及时制止，涉及违法犯罪的行为应及时报告并交由公安部门处理。

7.4.3 绿道的安全巡查，在常规时期应不少于每周 2 次；台风、暴雨、大雪等特殊天气或者重要节庆活动等时期应不少于每天1 次。应引导并管理行人、游客等遵循规范，维护绿道日常秩序。

7.4.4 巡查期间，应对绿道内植物、附属设施、卫生等进行专项安全巡视，发现情况及时处理并做好相关记录，及时排除安全隐患，特殊时期做到当日巡查，当日汇报。

7.4.5 及时掌握天气变化情况，高温暑热、低温寒潮、暴风雨、暴雪等来临前，应做好物资、人力、设备等方面的准备，检查树木绑扎、立桩情况，设置支撑，保持稳固。及时检查防护情况，发现问题应及时补救。

7.4.6 绿道内人流、自行车数量趋于饱和时，应采取防范措施进行管控，并及时做好人流、自行车疏导工作。重要节庆以及承担重大活动期间，应提前做好应急预案，测算绿道行人、自行车最大承载量，预测、统计、评估相关数据情况。

附录 A 上海市市级绿道数字编号表

表 A 上海市市级绿道数字编号表

数字编号	市级绿道名称
1	黄浦江—金汇港绿道
2	外环绿道
3	吴淞江—苏州河—张家浜绿道
4	环淀山湖绿道
5	环崇明三岛绿道
6	沿海绿道
7	淀浦河—(外环)—S1 绿道
8	大蒸港/拦路港—黄浦江—大治河绿道
9	盐铁塘/蒲华塘、罗蕴河—蕴藻浜—G15—龙泉港绿道
10	外环运河—浦奉生态走廊绿道

本标准用词说明

1 为便于在执行本标准条文时区别对待，对要求严格程度不同的用词说明如下：

1) 表示很严格，非这样做不可的用词：
正面词采用“必须”；
反面词采用“严禁”。

2) 表示严格，在正常情况均应这样做的用词：
正面词采用“应”；
反面词采用“不应”或“不得”。

3) 对表示允许稍有选择，在条件许可时首先应这样做的用词：
正面词采用“宜”；
反面词采用“不宜”。

4) 表示有选择，在一定条件下可以这样做的用词，采用“可”。

2 条文中指明应按其他有关标准执行的写法为“应按……执行”或“应符合……的规定”。

引用标准名录

1 《电气装置安装工程电缆线路施工及验收规范》GB 50168
2 《建设工程施工现场供用电安全规范》GB 50194
3 《木结构工程施工质量验收规范》GB 50206
4 《屋面工程质量验收规范》GB 50207
5 《建筑给排水及采暖工程施工质量验收规范》GB 50242
6 《给水排水管道工程施工及验收规范》GB 50268
7 《建筑电气工程施工质量验收规范》GB 50303
8 《城市电力规划规范》GB/T 50293
9 《城市绿地设计规范》GB 50420
10 《城市消防远程监控系统技术规范》GB 50440
11 《无障碍设计规范》GB 50763
12 《公园设计规范》GB 51192
13 《城市桥梁工程施工与质量验收规范》CJJ 2
14 《城市桥梁设计规范》CJJ 11
15 《城市道路工程设计规范》CJJ 37
16 《园林绿化工程施工及验收规范》CJJ/T 82
17 《透水水泥混凝土路面技术规程》CJJ/T 135
18 《透水砖路面技术规程》CJJ/T 188
19 《透水沥青路面技术规程》CJJ/T 190
20 《道路交通技术监控设备运行维护规范》GA/T 1043
21 《园林绿化植物栽植技术规程》DG/TJ 08—18
22 《园林绿化养护技术规程》DG/TJ 08—19
23 《园林绿化栽植土质量标准》DG/TJ 08—231
24 《建设工程监理施工安全监督规程》DG/TJ 08—2035

上海市工程建设规范

绿道建设技术标准

DG/TJ 08—2336—2020

J 15503—2021

条 文 说 明

2021　上海

目　次

Contents

1 总 则

1.0.1 本条规定了制定本标准的目的和意义。
1.0.2 本条规定了本标准的适用范围。

2 术 语

2.0.2 绿廊是绿道系统的重要组成部分，主要包括绿道游径系统两侧的绿化带。绿廊是绿道系统的主要景观，同时又能够保障绿道的基本生态功能。

2.0.5 慢行(天)桥的定义引用现行行业标准《城市桥梁设计规范》CJJ 11 的相关规定。架空于地面、水面修建的行人、自行车通行的构筑物称为慢行桥；架空于地面修建的供行人、自行车通行的构筑物称为慢行天桥。

2.0.6 慢行地道的定义引用现行行业标准《城市桥梁设计规范》CJJ 11 的相关规定。

3 基本规定

3.0.1 市级绿道是指结合全市重要生态廊道、对全市生态网络体系具有重要影响的绿道。区级绿道是指在城镇圈范围内连接重要功能组团对居民提供休闲场所具有重要作用的绿道。社区级绿道是指生活圈范围内，与慢行系统相结合，串联居住社区与主要公共开放节点的绿道。

3.0.2 城镇型绿道是指在城市开发边界内，依托城市道路两侧慢行道、公园绿地内游径、休闲广场等设置的绿道；郊野型绿道是指在城市开发边界外，依托公路、乡间田埂路、林地、农田、河道等建设的绿道。

3.0.3 绿道应充分利用现有的城市交通枢纽、停车场等设施，结合重要节点设置驿站、公厕、座椅等配套服务设施，避开空气、噪声等环境污染较严重区域，保证便捷性与舒适性。根据绿道的等级，对各级选线原则作出如下规定：

市级绿道选线依托大型生态廊道，串联自然保护区、风景名胜区、郊野公园、水乡村落、城镇发展组团等重要生态空间节点。市级绿道应与长三角区域绿道网络充分衔接，绿道网络应较均衡地分布于全市域范围。

区级绿道选线依托带状生态绿地、河流水系、文化风貌道路、林荫道、干道侧林带等，连接主要城镇、大型公共活动场所等公共空间节点。区级绿道在各区内自成环路，并有连接线与市级绿道网络相衔接。

社区级绿道选线依托滨河景观道路、公园游径、主要绿道游径系统等，串联城市主要公共开放空间节点，形成大众日常公共活动网络。社区级绿道是区级绿道的有效补充，应与区级绿道、市级绿道网络相衔接。

根据《上海市生态空间规划(2016—2035)——绿道体系规划》的规定,外环内的中心城绿道为独立系统,可独立组成一个相对封闭的绿道网络。中心城绿道依托现状已形成的骨干河道、骨干路网和大型楔形绿地进行选线,串联重要的公共空间节点。

4 绿道设计

4.1 控制指标

4.1.1 安全性指标

1 绿道仅供行人和自行车骑行使用，出于安全管理考虑，绿道禁止包括电动自行车、电动助力车在内的全部机动车进入。

4.1.3 管理性指标

1 绿道建设中应控制借用市政人行道作为绿道连接线在绿道总长度中的占比。

4.2 绿 廊

4.2.1 绿廊建设的基本原则以生态保护为主，实现绿廊的可持续发展。

4.2.2 绿廊建设应注重科学性、区域性规划。

4.2.4 绿廊建设应结合立地条件，尽量拓展连续长度，并保证绿廊具有一定宽度。

4.2.5 绿廊植物设计

1 绿廊的植物配置原则应以自然式为主，营造空间层次丰富且观赏特色鲜明的植物景观。

2 绿廊植物的选择应遵循多样性和适地适树的原则，选用季相丰富、色叶开花植物，合理搭配常绿和落叶植物、速生和慢生植物。

3 绿廊植物的选择应遵循以人为本的原则，紧邻人活动区域的植物选择应最大程度保护行人生命安全。

4.2.6 绿廊植物种植

1 种植土壤的质量是保障绿廊植物生长和景观呈现的基础，建设时应通过土壤改良等手段，以符合相关栽植土的标准。

2 绿廊植物种植技术应符合相关标准。

3 绿廊种植植物前应对现有植物栽植情况进行系统梳理，根据建设规划要求采取合理的调整和修剪，最大程度保护健康的苗木和古树名木及后续资源。

4 绿廊植物种植应注重安全，保障行人通行。

4.3 绿道游径系统

4.3.3 绿道游径系统建设应避免大填大挖，尽量不占或少占绿化用地。不改变原有道路的线路，尽量借用乡间路、河堤、公园路、林荫道等现有道路进行建设。

4.3.6 自行车转弯最小半径应大于或等于 3 m；确因实地条件无法满足时，需设置反射镜并提前 30 m～50 m 设置警示标识以及防雨雾的警示灯。

4.3.7 横断面设计

1 绿道游径引用现行行业标准《城市道路工程设计规范》CJJ 37 的相关规定。

3 道路游径宽度引用国家标准《城市道路交通规划设计规范》GB 50220—95 的相关规定：人行道宽度应按人行带的倍数计算，最小宽度不得小于 1.5 m。人行带的宽度应符合表 1 的规定。

表 1 人行带宽度建议表

所在地点	宽度(m)
城市道路上	0.75
车站码头、人行天桥和地道	0.90

因此，对于绿道游径中的慢行(天)桥和慢行地道应适当加宽。

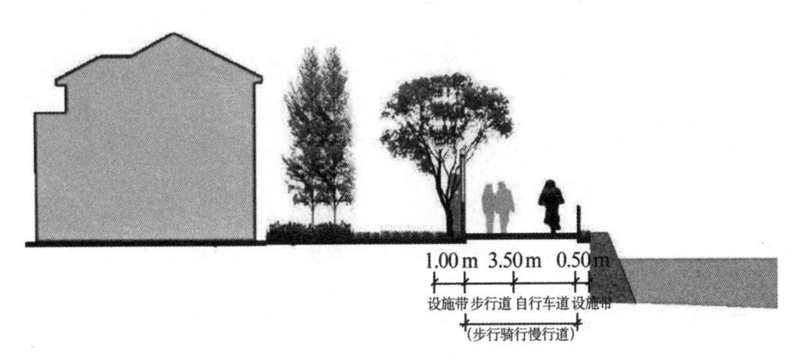

图1 横断面设计示意

引用现行行业标准《城市道路工程设计规范》CJJ 37 的相关规定：一条自行车道的宽度为 1.0 m。

4 绿道游径坡度引用现行行业标准《城市道路工程设计规范》CJJ 37 的相关规定。

5 靠近绿道游径一侧的立缘石折角需进行 2 cm～4 cm 倒角或圆角处理。

4.3.8 纵断面设计

1 当步行道纵坡大于 8%时，应辅以梯步解决竖向交通。

4.3.9 线形组合设计

1 引用现行行业标准《城市道路工程设计规范》CJJ 37 的相关规定。

2 引用现行行业标准《城市道路工程设计规范》CJJ 37 的相关规定。

3 引用现行国家标准《城市道路交通规划设计规范》GB 50220 的相关规定。

4 引用现行行业标准《城市道路工程设计规范》CJJ 37 的相关规定。

4.3.10 铺装设计

1 引用现行国家标准《城市绿地设计规范》GB 50420 的相关规定。

2 当新建绿道游径透水铺装对路基强度和稳定性存在较大潜在风险时，可采用半透水铺装结构。新建绿道游径透水路面可采用暗红色、黑色、灰色等。透水混凝土和透水沥青材料的对比见表 2。

表 2 透水混凝土和透水沥青材料的性能对比

使用材料	综合成本	强度	表面粗糙度	整体性	对路基稳定性要求	对路基透水性要求
透水混凝土	较低	低	粗糙	好	高	高
透水沥青	较低	一般	粗糙	好	高	高

绿道游径系统跨越河道时，架设的桥梁段宜采用透水混凝土或防腐木板作为桥面材料；当绿道经过农田、园地、林地、菜地和瓜地建设时，可结合现有的道路，压实路基，铺设碎石作为面层；在旅游节点和重要的绿道节点，绿道游径系统面层应配合周边景色需要采取合适的材料铺设。生态廊道中建设的绿道，其绿道游径系统一般借用现有道路或与巡护道路合并设置，铺装材料的选择应兼顾所有使用功能的相关要求。

3 透水混凝土铺装结构示意见图 2，透水砖铺装结构示意见图 3。

4 建议设置万孔管并与大容量排水沟相连，主要是针对下暴雨的情况，单一靠土壤透水排水容易导致垫层积水。

5 反滤土工布是具有普通防水材料无法比拟的防渗效果的工布。

6 引用现行国家标准《城市绿地设计规范》GB 50420 的相关规定。

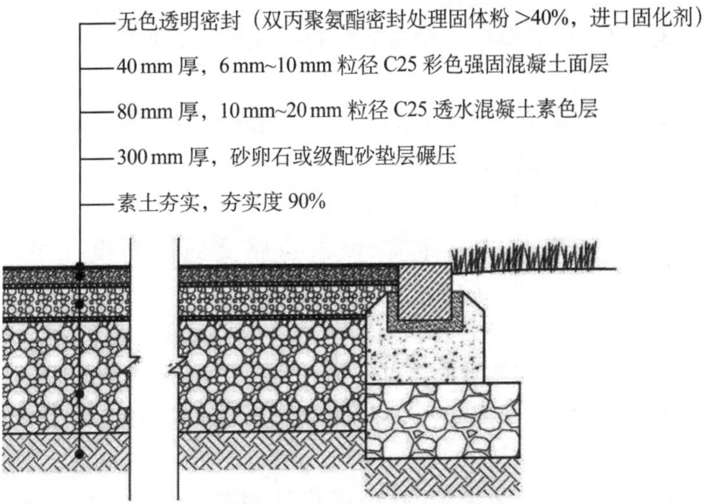

无色透明密封（双丙聚氨酯密封处理固体粉 >40%，进口固化剂）
40 mm 厚，6 mm~10 mm 粒径 C25 彩色强固混凝土面层
80 mm 厚，10 mm~20 mm 粒径 C25 透水混凝土素色层
300 mm 厚，砂卵石或级配砂垫层碾压
素土夯实，夯实度 90%

图 2　透水混凝土铺装结构示意

60 mm 厚，200 mm×400 mm，浅/中/深灰色陶瓷透水砖（1∶8∶1）
30 mm 厚，1∶3 透水水泥砂浆粘结层
100 mm 厚，C25 透水混凝土
150 mm 厚，级配碎石垫层
反滤土工布（400 g/m²）
素土夯实，夯实度≥90%

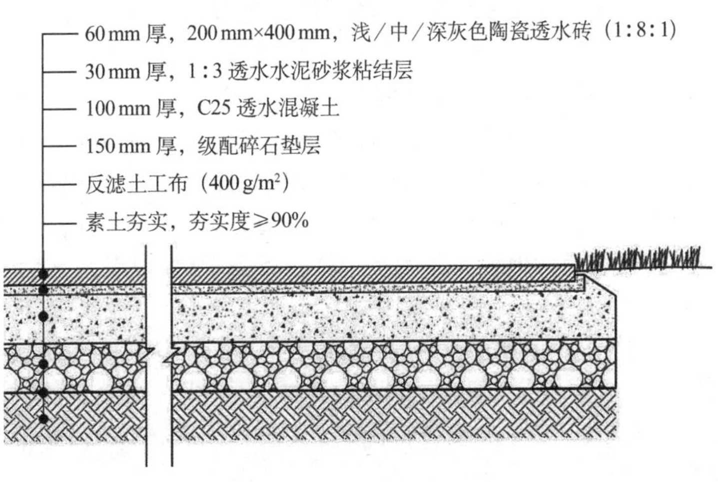

图 3　透水砖铺装结构示意

4.3.11 安全隔离设施设计

3 建议绿道游径为轮椅的通行提供便利;禁止电瓶车进入绿道游径行驶。

4 步行骑行综合道的步行道和自行车车道之间无隔离设施时,自行车的行车速度不宜超过 10 km/h。

4.3.12 慢行(天)桥、慢行地道设计

1 引用现行国家标准《城市道路交通规划设计规范》GB 50220 的相关规定。

2 慢行(天)桥和慢行地道净空应考虑通车的要求;水上慢行桥应考虑通船和排洪的要求。

3 引用现行国家标准《城市绿地设计规范》GB 50420 的相关规定。

4 引用现行国家标准《公园设计规范》GB 51192 的相关规定。

4.3.13 无障碍设计

1 引用现行国家标准《无障碍设计规范》GB 50763 的相关规定。步行系统中的无障碍设计主要包括步行道、人行横道、慢行(天)桥、慢行地道及安全岛等。

2 引用现行国家标准《无障碍设计规范》GB 50763 的相关规定。行进盲道是指表面呈条带状,使视觉障碍者通过盲杖的触觉和脚感,指引视觉障碍者可直接向正前方继续行走的盲道;当慢行(天)桥、慢行地道无法满足轮椅通行需求时,应考虑地面安全通行。

3 引用现行国家标准《无障碍设计规范》GB 50763 的相关规定。缘石坡道是指位于人行道或人行横道两端,为了避免人行道路缘石带来的通行障碍,方便行人进入人行道的一种坡道。

4 引用现行国家标准《无障碍设计规范》GB 50763 的相关规定。

4.5 配套服务设施

4.5.1 可利用的城镇现有设施包括商场、公厕、废物箱、路灯、停车场、休憩设施、自行车租赁设施、医院、派出所等。

4.5.4 驿站设计

2 驿站设置应根据不同绿道类型，在不同地点、不同间距设置不同等级的驿站。主要的设置原则是结合现有的公园服务点、绿地、文化体育设施、农业园等，避免重复建设。根据游人数量的不同，郊区绿道驿站间距可大于中心城区驿站间距。

4 为避免驿站建筑规模选择过大，特规定了驿站的总建筑面积和其中配置的公厕的面积。考虑中心城区绿道周边配套设施要比郊区绿道完善且用地相对紧张，故郊区绿道驿站的面积规模要大于中心城区绿道驿站。

5 驿站应避免设置在有碍景观和影响环境的区域。新增驿站的设计应考虑节能、节地、节水、节材、保护环境之间的关系，降低建设行为对自然环境的影响，体现经济效益、社会效益和环境效益的统一。新增设施应利用具有优良性价比的、反映健康绿色生活的新技术、新材料和新设备。

4.5.5 公厕

2 国家标准《公园设计规范》GB 51192—2016 第 3.5.3 条有如下规定：“游人使用的公厕服务半径不宜超过 250 m，即间距 500 m。”作为绿道服务设施的公厕，可按该标准选用间距 500 m，考虑到绿道活动空间较广，游人相对稀少，公厕间隔距离可根据实际情况适当放宽至 1 000 m～2 000 m。

3 考虑到女游客使用公厕时间较男游客长，女厕的需求量超过男厕，参考现行行业标准《城市公共公厕设计标准》CJJ 14 的规定，在人流集中的场所，女厕位与男厕位(含小便站位，下同)的比例不应小于 2∶1。在其他场所，男女厕位比例可按下式计算：

$$R = 1.5\ w/m$$

式中:R——女厕位数与男厕位数的比值;

1.5——女性与男性如厕占用时间比值;

w——女性如厕测算人数;

m——男性如厕测算人数。

因此,最终采用了在人流集中的场所采用男女厕位比例为1∶2,其他区域采用1∶1.5的指标。

4.5.7 其他服务设施设计

3 国家标准《公园设计规范》GB 51192—2016 第3.5.5条有如下规定:“公园陆地面积＞100 hm^2,废物箱设置间隔距离宜在100 m～200 m。”绿道游览路线较长,因此引用该标准,郊区绿道活动空间更广,游人相对稀少,间隔距离可根据实际情况适当放宽。

4 安全保障设施应按实际需求设置,并应依托现有条件、衔接相关系统,宜结合驿站设置。

5　绿道施工

5.2　施工质量控制

5.2.1　土方工程施工

1　栽植基础严禁使用含有害成分的土壤，种植表土层(30 cm)必须采用疏松、肥沃、富含有机质的培养土。翻土深度内的土壤必须清除杂草根、碎砖、石块等杂物。

2　广场施工基础应夯实，各层的密实度、厚度、标高和平整度应符合设计规定。

5.2.2　隐蔽工程施工

1　绿道施工应保证排水通畅，避免污染水环境，影响现状水体水质。

5.2.3　绿道游径系统施工

1　道路施工中基层、面层所用材料的品种、质量、规格，各结构层纵横向坡度、厚度、标高和平整度应符合设计要求；面层与基层的结合(粘结)必须牢固，不得空鼓、松动，面层不得积水。

5.2.4　标示标牌施工

2　标识标牌支柱安装应直立、不倾斜，支柱表面应整洁、无毛刺，标识标牌与支柱连接、支柱与基础连接应牢固、无松动；标识标牌金属部分及其连接件应做防锈处理。

5.2.5　植物栽植施工

5　严禁使用带有严重有害生物的植物材料，自外省市及国外引进的植物材料应有植物检疫证。

5.2.6 配套服务设施施工

1 灯具、坐凳、废物箱等城市家具的质量应符合相关产品标准的规定，并通过产品检验合格；安装基础应牢固、无松动。

7 绿道管理

7.1 一般规定

7.1.1 绿道管理单位应对绿道控制区内的花草树木予以保护，对任何侵占和破坏行为应加以制止并及时报告上级主管部门。

7.1.4 绿道内不得堆放杂物、设摊摆卖，禁止在绿化绿地上进行踢球等损害绿化的活动，禁止在绿化林木上悬挂标语、晾晒衣服等行为。保护围栏、护树架和护网等绿化设施，对破坏行为应加以制止并及时报告属地绿道管理部门。

7.1.5 经上级批准需临时借用绿道的，属地绿道管理部门要监督借用单位限期恢复原状。绿道绿廊中除必要的维护管理、消防、医疗、应急救助用车外，其他机动车辆禁止进入。

7.2 绿化养护管理

7.2.2 绿道管理范围内各级绿道管理部门应对防火、防汛进行监管。绿道控制线范围内各级绿道管理部门与沿线相关管理单位应建立信息沟通和应急机制，发现火情、台风损害等应及时通报和响应。

7.2.3 绿道绿化管养应保证绿道范围内的植株生长茂盛，草坪无坑洼积水、无裸露地面，树木无明显病虫危害症状，整体观赏效果好。绿道内应保持绿化种植区域的清洁，做到无垃圾杂物，无石砾砖块，无枯枝落叶，无粪便污物等。

7.3 绿道游径系统及附属设施管护

7.3.1 绿道游径系统设施管护

3 绿道游径系统的道路铺装、广场路面等应保持清洁，及时清理垃圾杂物，保持整洁、美观。铺装及基层等应整洁完好，对破损的路基应及时修补，保持路面平整，消除安全隐患。